我的
大自然
观察笔记

体察四季的点点滴滴从每时每刻开始

看名校学生怎样做自然观察笔记

动物
观察笔记

DONGWU GUANCHABIJI

张培华　吴晓莉　主编

化学工业出版社
·北京·

图书在版编目（CIP）数据

动物观察笔记 / 张培华, 吴晓莉主编. -- 北京 :化学工业出版社, 2016.2（2025.4重印）
（我的大自然观察笔记）
ISBN 978-7-122-26034-5

Ⅰ. ①动… Ⅱ. ①张… ②吴… Ⅲ. ①动物－少儿读物 Ⅳ. ①Q95-49

中国版本图书馆CIP数据核字(2016)第007303号

责任编辑：龚娟　　　　　　　　　　　装帧设计：郝晓霞
责任校对：王素芹

出版发行：化学工业出版社(北京市东城区青年湖南街13号 邮政编码100011)
印　　刷：盛大（天津）印刷有限公司
710 mm × 1000 mm　1/16　印张 8　字数 30千字　2025年4月北京第1版第49次印刷

购书咨询：010-64518888　　　售后服务：010-64518899
网　　址：http://www.cip.com.cn
凡购买本书，如有缺损质量问题，本社销售中心负责调换。

出 版 说 明

　　一本由孩子们自己创作的科普观察与绘画艺术相结合的书《动物观察笔记》终于出版了。

　　中国现代教育理念是全面培养孩子的综合素质，要求孩子全面发展，具有创造力、想象力、动手能力及个性化，而不是灌输知识。我们认为这些能力的培养都必须从学会观察着手。"我的大自然观察笔记"丛书出版的目标就在于教孩子如何做自然观察笔记的同时，提出一种学习思路、一种学习观察的方法。

　　观察是内容之源。通常我们会通过阅读、写作来提高孩子的表达能力。语言的表现力很丰富，可以直接描述，也可以用比喻、想象来修饰。但观察笔记中的绘画则不同，不管画下来像与否，孩子都要经过观察才能落笔，所以说观察笔记里的绘画是观察的基础，也是表达的基础。只有观察了，才会有思考、有感悟、有创新、有联想。调动看、听、嗅、尝等所有感官，感受越多，理解就越深入，原本那些孤立的事物，也会因为观察的增多而变得熟悉、亲切起来，记忆也会更加深刻。在观察的现场用笔简单勾画出动植物的形态，用文字在一旁写下场景与感受；如有疑问标注在一旁，回家通过查阅资料探索动植物的特性与奥秘，补充笔记。充分调动所有感官和灵感，专注于观察、记录，不仅会对大自然的理解和认识日益深刻，与他人分享认识和感受还能让表达能力在不知不觉中得到提高。

　　观察笔记是一种有价值的学习方法。学习就是把信息吸进来、吐出去的完整过程。吸收的过程实际上就是记忆的过程，记忆方法的不同也体现出思维方式的不同。运用观察笔记的形式来学习，是一个很好的实现记忆的方式。成功的记忆方法要体现七个思维要素，分别是图像、转换、联想、想象、情感、逻辑、定位。对知识的学习过程中增加绘画的部分尤其重要。观察笔记中事实、数据、图像等基础信息进入大脑后，经过加工处理分散到大脑的不同区域，图像的加工处理存在于我们负责创造和情感的右脑，而右脑已被科学家实验证明具有神奇的记忆能力。因此观察笔记体

现了左右脑并用的学习方法，能形成左右脑思维的习惯。

　　"我的大自然观察笔记"丛书用绘画艺术表现科学，为孩子提供一个新的学习科学的方法，一个新的学习艺术的视角。艺术是美的，艺术的创造力是无穷的，我们可以无限享受这种美，但身处科技生活的现代，我们不仅需要美，还需要以科学体现美，用科学的尺度把控美。艺术可以无限发挥，但有了科学这把尺子，就要求孩子们首先要符合科学，学会名副其实地观察。

　　"我的大自然观察笔记"丛书在众多学生和老师的参与下历时近一年的时间终于编写完成。书中几百幅的绘画作品是由孩子们自己创作完成。在此特别感谢北京市科学技术委员会、北京市史家胡同小学的张培华、李阳老师及所有参与本书的科学和美术老师们。在他们共同的努力下完成了这两本的编写，更要感谢书里呈现美妙画作的小画家们给了同学们一个指引的方向，你们的努力将鼓励更多的同学们投入到这种学习方法中，让更多的同学受益。

　　最后欢迎更多的孩子们加入到创作观察笔记的队伍中来，我们将收集更多的观察笔记出版续篇，投稿邮箱：bj@ercmedia.cn。

写在前面的话

⊙小小说：

    我不会飞，但我想和小鸟做朋友，
    我跑不快，但我看马儿们跑的样子，知道它们一定很快乐，
    我不是小草，瓢虫和蝴蝶不会落在我身上和我说话，
    我不是江河，没有鱼儿在我怀抱里穿梭……

    可我有一双眼睛，我有颗总想"知道"的心，
    我还有神奇的画笔和多多的期待，
    我会问问题，我会仔细看，
    我把它们都画下来，这是我的笔记本
    这是我的观察笔记……

⊙妈妈说：

    神奇的四季在我的童年记忆是春天里的第一声雷；知了唱彻整个夏天；秋风在麦场里打滚；还有一睁眼看见窗上的小冰花。

    当我渐渐长大，熟悉了都市的嘈杂与紧张，童年里那些明媚的色彩和可爱的生灵都消失了。直到有一天宝宝捏着一只小蜗牛，兴奋地扭过来，嘟嘟地和我告白时，无端的感动汹涌而来。

    宝贝，我有太多的东西要告诉你。让我告诉你它是谁？它每天住在哪里？它还有哪些小朋友？快长大，让我带你去看……

⊙孙老师说：

　　爱画画的孩子都是好孩子，在他们笔下一切都可以变神奇。
你不是梭罗，但你可以培养捕捉细节的眼睛和透明安静的心。
　　去爱自然吧，去画它们吧，
　　去作你的自然笔记……

⊙我们说：

　　真正的诗意来自自然。
　　让孩子在自然中学习、探索，鼓励他们用独一无二的表述方
式去记录。
　　我们在旁边轻声说：你看……
　　在凝神的过程里他们终将明白，
　　探索永不停息……

简单的工具就可以开始啦

● **铅笔**：无论是打草稿还是直接绘制，你都需要准备铅笔。在最开始你只需要准备HB和2B两个型号。HB的画精细线条，2B的笔尖较软，颜色也稍重，可以画阴影或者比较重的地方。如果在户外，自动铅笔是最好选择。

● **彩铅笔**：彩铅笔有两种，一种是水溶性的，加水以后溶化，可以描绘出水彩效果。一种是油性的彩色铅笔，靠线条和涂抹来表现。

● **橡皮**：准备两种，一种是稍软的，在光滑纸面上画的线条很容易擦掉。一种是硬硬的，可以把它切成三角形，用来擦很重的笔道。

● **马克笔**：马克笔也有很多分类，有油性的（防水）和水性的（不防水）。从笔尖看有扁头的、圆头的和斜面的。通过转动笔头，可以画出不同笔道。

● **笔记本**：笔记本用A4纸一半大小的就可以，要选择很容易摊开的装订方式。也可以选择带浅浅暗格的纸张，方便写更多的字，慢慢地，可以用完全白色的速写本或者水彩本。

● **削铅笔**：彩铅笔不能削得太尖了，要不太浪费啦！笔尖画短了后，转个角度还是可以用的。

● **刀子**：小刀可以是美工刀，也可以是方便的转笔刀，随你喽！

● **针管笔（钢珠笔）**：针管笔的特点是画出的线条本身装饰性很强，在你有一定造型能力和自信的时候，建议你用针管笔直接画。记录的意义除了记下知识和观察结果，同时也锻炼你的手眼配合能力，画得多了，你对大小、距离、宽窄就有了更精准的判断，下笔也一定比开始更准确。

别怕！你能行！

对于工具的选择和使用，开始的时候不用纠结，画多了就会慢慢地选到自己最喜欢的和最适合的。起始阶段最重要的是记录观察对象和记录的过程。经过慢慢积累，你就知道以后哪些地方可以仔细描绘，哪些是你更喜欢和擅长的。

从简单开始！

刚刚开始的时候，记住！你就是要记录东西，不是画画，你不是画家，你是科普小能手。

本子的第一面可以写上自己的名字、学校和班级。如果你愿意也可以多写一点文字，记录你当时的心情。

每篇观察日记都要标明日期和地点，这样做的目的是方便将来查找和对比。

当天的天气也是必须要记录的，不同的天气与描述的景色有很大关系。比如有些动物在特殊的天气才活跃，而有些植物可能在某种天气下才有不一样的反应。

观察和记录当时的样子，印象最深的地方也是你的关注点。下笔之前想好，怎样表现你看到的和心里想要表现的样子。

好啦！我们开始吧！让那些平时司空见惯的东西变神奇吧！

观察笔记怎么做？

自然

间接

实验

解剖

对比

动态

 观察方法

综合

周期

重点

特征草图

怎么画

漫画

速写

装饰画

局部特写

故事画

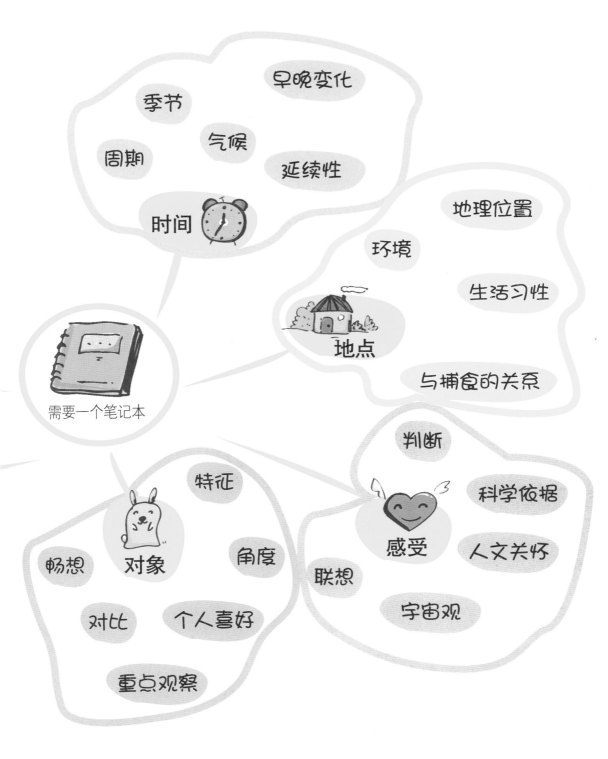

目　录

第一部分 斑斓的水世界

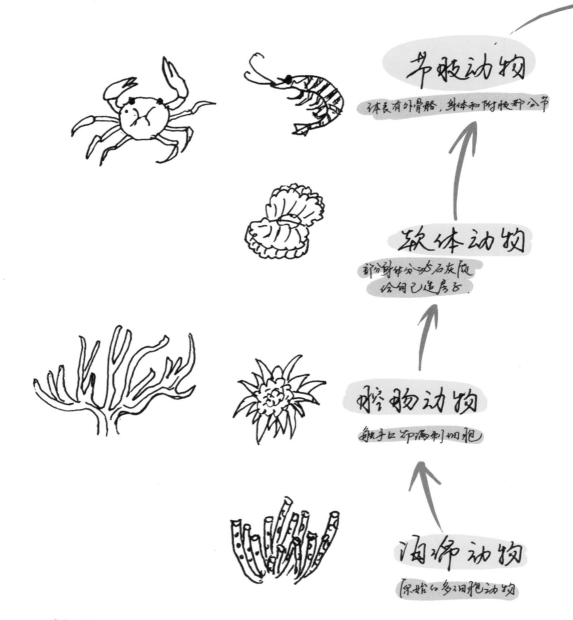

节肢动物
体表有外骨骼，身体和附肢都分节

软体动物
部分身体分泌石灰质给自己造房子

腔肠动物
触手上布满刺细胞

海绵动物
原始的多细胞动物

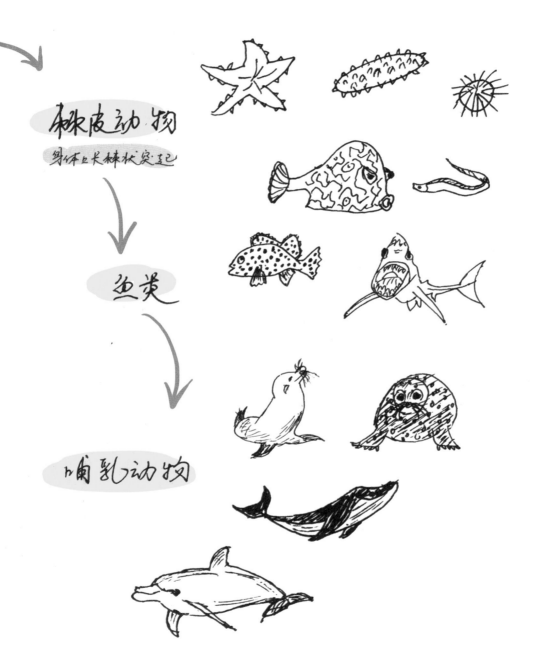

棘皮动物

身体上长棘状突起

鱼类

哺乳动物

1. 海绵怎样吃东西

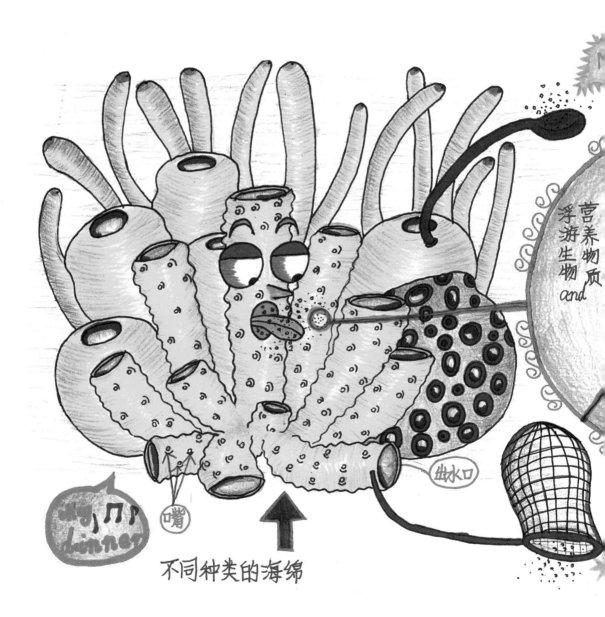

不同种类的海绵

海绵，是不是在哪儿见过？卫生间、厨房还是家具店？对，就是摸起来软软的，身上有许多小孔的那种材料。

有种动物也叫海绵，它可是在海洋里已经生活了2亿多年啦。它全身布满小孔。小孔就是海绵的"嘴"，氧气和营养物质通过小孔摄取，废物再通过小孔排出。

原来我们用的海绵是从它身上得到的启发呀！

当我们看到一些科学现象，除了用文字表达外，最直观的就是用绘图的形式来表达啦，这样一目了然。发挥你的想象力，把文字变成图画是一件很有意思的事，不仅帮助自己学习，也可能帮助别人理解记忆。看这幅图是"拟人"的海绵进食图，虽然海绵没有眼睛、嘴巴，但经过夸张的表现，是不是很有意思呀！海绵动物的形状千姿百态，有块状、球状、扇状、管状、瓶状、壶状，树枝状。你也来画一个吧！

这个图是"拟人"的海绵进食图，真正的海绵是看不到眼睛、嘴巴的哦。

2. 海葵进食

海葵，好像一朵海底盛开的向日葵。别看它长得喜洋洋的，身上可藏有致命武器呢。一旦成为它的猎物，就会被它释放的毒液麻醉，轻松成为它的盘中餐。

我们把细长的触手张开，样子像一朵朵盛开的花，非常美丽，吸引那些好奇心强的小鱼。

我们用倒刺钩住小鱼的嘴。

小鱼一旦靠近海葵便会被我们的倒刺钩住，同时分泌一种毒液。

我们将麻痹后的小鱼送入口中。

哈哈，哈哈。

之后，我们又继续迎接小鱼。

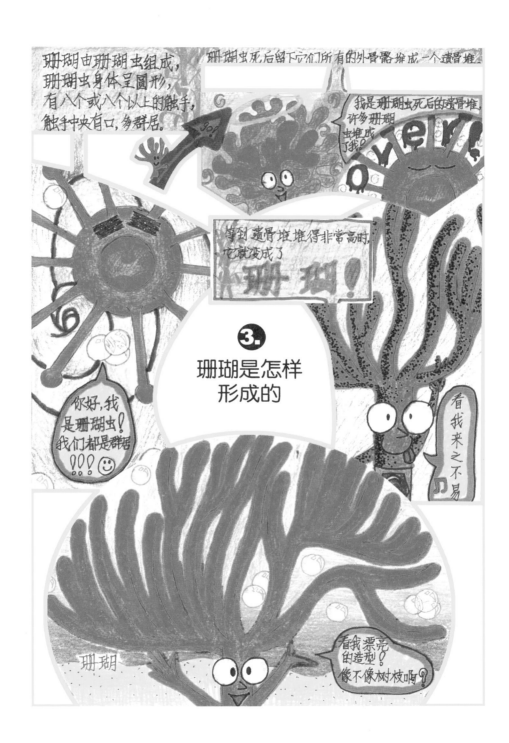

4. 热爱"书法"的章鱼

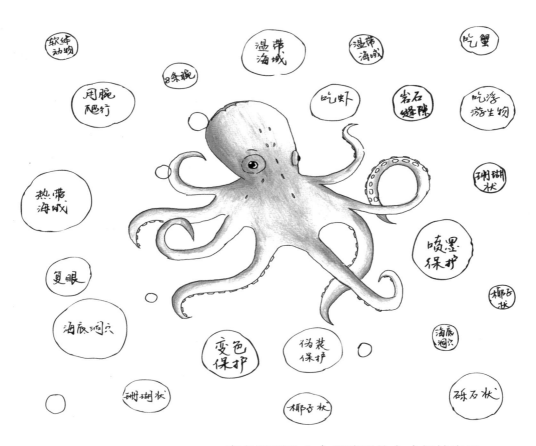

章鱼遇到敌人会用喷墨的方式保护自己。
这种"书法"特长可以保命真是不错啊!

　　一个知识点用一幅图来表示,或是像前面的海葵、海星等用分解图来表示都可以。图无论是拟人的还是写实的,是有故事的还是简单描述都没关系,你想怎么表现都行。当然为了学习方便,你也可以像这样,把知识点从文章中提炼出来,用文字加图画的形式做一个总结,便于你的记忆!

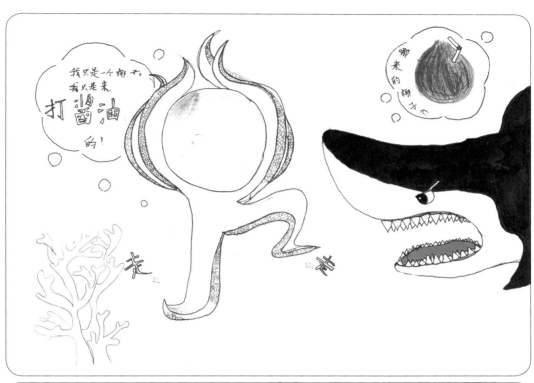

5. 海星进食

海星最喜欢吃像贝类、海胆、螃蟹和海葵这种行动慢吞吞的动物。

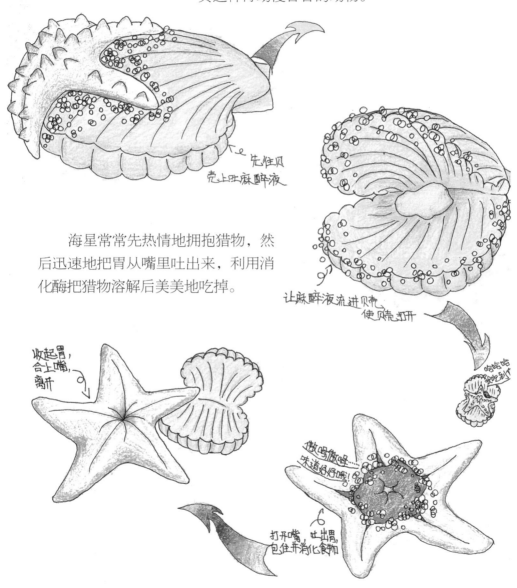

先往贝壳上吐麻醉液

海星常常先热情地拥抱猎物，然后迅速地把胃从嘴里吐出来，利用消化酶把猎物溶解后美美地吃掉。

让麻醉液流进贝，使贝壳打开

哈哈哈，吃到了

收起胃，合上嘴，离开

傲喝旅哦……味道很好哦！

打开嘴，吐出胃，包住并消化食物

6. 开启潜艇构想的鹦鹉螺

哇! 这庞然大物是什么啊!
◎#六@ㄆ···

连室血管

口球

鳃

胃

鹦鹉螺的构造

根据鹦鹉螺的精密构造，人们模仿它的排水、吸水的上浮、下沉方式制造出了第一艘潜水艇"鹦鹉螺"号。

7. 喜欢亲亲的接吻鱼

接吻鱼的雌雄鉴别比较困难,要仔细观察。一般雄鱼的体形瘦大,臀鳍略为阔大,繁殖期会出现婚姻色,体色由肉红转为紫色,且闪闪光泽。雌鱼体较雄鱼宽阔,臀鳍较小,怀卵期腹部明显膨大。

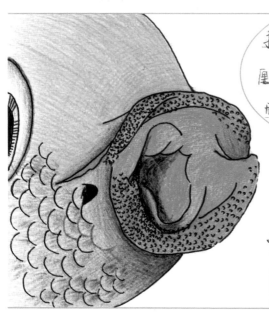

接吻鱼的体长一般为20~30厘米。身体呈长圆形,头大,嘴大,尤其是嘴唇又厚又大并有细锯齿。

在时间充裕的情况下,你可以尝试装饰的画法,用你喜欢和熟悉的花纹、线条、色块去表现。

接吻鱼又叫吻鱼、桃花鱼等。他们以喜欢"亲亲"著称。不仅异性鱼，即便是同性鱼之间也有"亲亲"的动作。

大家最感兴趣的就是"亲亲"，这样的现象在鱼类世界是很罕见的。但亲亲并不代表亲热，相反是一种"斗争"。在"亲亲"的时候，双方会伸出长嘴唇，里面长满锯齿，用力的碰撞，长时间不分开，直到有一方退让。

8. 海上霸主

　　幼小的鲸从母鲸体中生出来的，母鲸把乳汁喷射进幼崽口内来喂养鲸宝宝。同时，鲸类动物的体温也是相对恒定的，大约为35℃，鲸虽然生活在水里，但它并不像鱼类动物那样用鳃呼吸，而是用肺呼吸。这些特征都表明了鲸是哺乳类动物。

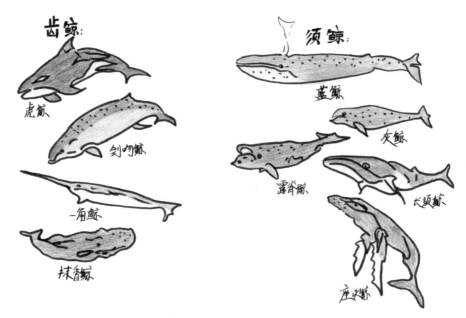

齿鲸：虎鲸　剑吻鲸　一角鲸　抹香鲸

须鲸：蓝鲸　灰鲸　露脊鲸　长须鲸　座头鲸

　　世界上的鲸鱼有很多种类，有的鲸鱼有牙齿，有的没有牙齿。

　　其中，须鲸类的嘴里就没有牙齿。但是须鲸的嘴里生长着大量的角质须。须鲸每次进食都显得"狼吞虎咽"：一次性吞入大量海水，然后闭上嘴巴将水吐出，小鱼、小虾等之类的食物就会在角质须的阻拦下而留在口中。

　　齿鲸类则满嘴长着锋利的牙齿。像抹香鲸、虎鲸、剑吻鲸和一角鲸等都属于齿鲸。由于长有锋利的牙齿，齿鲸可以吃一些较大的动物。

我们仔细观察，会发现海豚与鲸的外形极其相似，实际上，根据生物学上的分类，海豚就是鲸类下的一个重要分支呢！

　　虎鲸、伪虎鲸等虽然名字里带有"鲸"字，其实都是不折不扣的海豚科动物。海豚有长喙、短喙和无喙的，背上多数有背鳍，也有少数没有背鳍。从外形上看，海豚就是体型较小的鲸类。在水族馆里，我们经常看到海豚能够按照训练师的指示，表演各种美妙的跳跃动作，似乎能了解人类所传递的信息，由此可以看出海豚是多么聪明伶俐的哺乳动物。

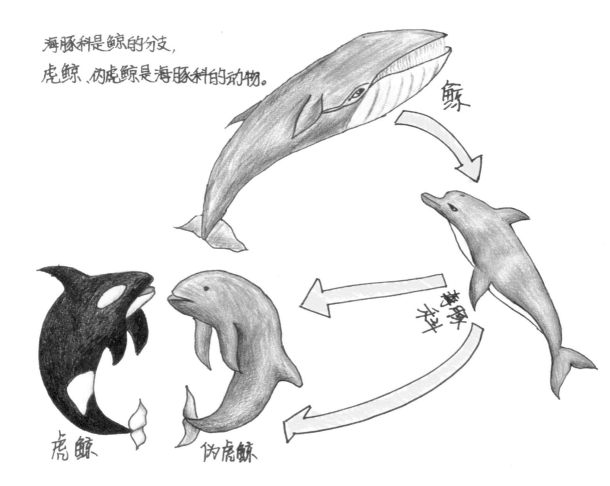

海豚科是鲸的分支，
虎鲸、伪虎鲸是海豚科的动物。

鲸

海豚科

虎鲸　　伪虎鲸

海上霸主虎鲸

虎鲸被誉为"海上霸主"，即使是凶猛的大白鲨都不是它的对手。

我们都知道，大白鲨是海洋里非常恐怖的动物，位于食物链的顶层。它们有着硕大强壮的身躯，身手也相当灵活，它们生性凶猛残暴，海豹、海狮、海鱼都是它们的猎物。

虽然虎鲸是海豚中的一种，但它的嘴巴细长，牙齿锋利，性情凶猛。

虎鲸族群有着稳定的族群和明确的分工。它们有着一些复杂的社会行为，独特的捕猎技巧和声音交流。目前的情况是，我们拥有很多虎鲸袭击大白鲨并把它们杀死的记录，却没有关于大白鲨杀死虎鲸的记录。

虎鲸不愧是海中霸王，大白鲨与它相斗，结果十分悲惨！

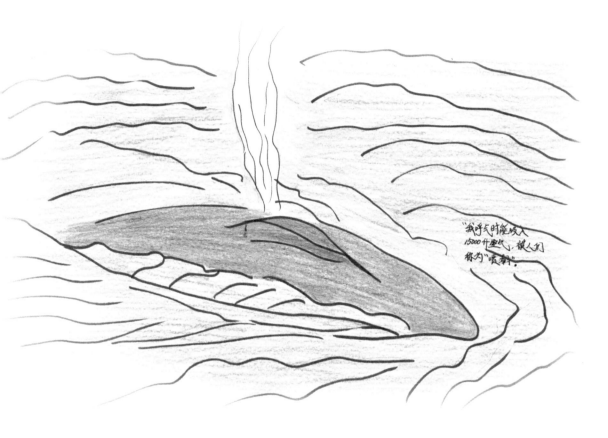

"我呼气时能吸入15000升空气，被人们称为"喷潮"。"

喷潮

鲸的鼻孔长在头顶的两侧，当鲸浮出水面换气时，活瓣就会自动打开。一头巨鲸一次可吸入15000升空气，这样的肺活量真的让人难以想象，更无可匹敌！而当它将这些废气呼出时，温热的水蒸气遇到外界较低的温度就凝结成了小水滴，再加上巨大压力将鼻槽中残留的海水也一起喷射而出，形成白色的雾柱，看起来像一股美丽的喷泉，称为"喷潮"。

 想了解有关鲸的更多知识，可以扫描二维码，一起快乐学习吧

第二部分 傻傻分不清的虫

　　"虫"是人们对某些动物的描述，但什么动物是"虫"，什么动物不是"虫"，你能分清吗？

　　"虫"是个非常模糊的概念，标准不清晰，就难怪人们分不清了。按照最严谨的标准划分，虫专指昆虫，是节肢动物门中的一类。但是习惯上，人们把节肢动物门中昆虫纲以外的体型较小的动物也称之为"虫"。如蛛形纲的蜘蛛、多足纲的蜈蚣等。此外，对于"虫"还有更广义的界定，认为所有无脊椎动物都可以称为虫，如原生动物门中的草履虫、线虫动物门中的蛔虫等。更有甚者，还有人认为所有的动物都可以称为"虫"，例如老虎又称为"大虫"、蛇被称为"长虫"等。

　　我们这里所介绍的虫，主要是昆虫，也有缓步动物门中的小动物。

　　节肢动物是动物界中种类最多的一门。节肢动物身体两侧对称，可分为头、胸、腹三部分，或头部与胸部愈合为头胸部，或胸部与腹部愈合为躯干部。下面是我们很熟悉的几类：

昆虫纲　　　昆虫

用三个圈代表头、胸、腹

触角、眼睛
头、胸、腹
两边对称

6只脚长在胸部

　　昆虫最重要的特征是身体分为头、胸、腹三部分，通常是2对翅和6条腿，翅和足都位于胸部。

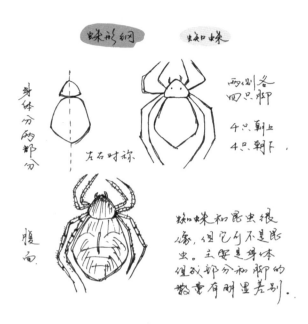

蛛形纲 蜘蛛

身体分的部分

左右对称

腹面

两侧各
四只脚

4只朝上
4只朝下

蜘蛛和昆虫很
像，但它们不是昆
虫。主要是身体
组成部分和脚的
数量有明显差别。

多足纲 蜈蚣

甲壳纲 虾

身体由许
多节组成

每节上都
有一对足

头胸 腹部

7个体节
5对步足

头胸部 { 2对触角
3对颚足
5对脚（步足）。

多角度观察，多画几种模样，有助于了解结构，也锻炼你的手绘能力。

慢慢的，我们记录的东西越来越多，就要注意总结分类。不要怕画不好，多多练习一定会有进步。

1. 虫虫你几星

瓢虫进入我们的视线时经常是一个个小红点，它们是身体颜色非常鲜艳的一种小型昆虫，有时它们聚集在一起。你知道瓢虫是益虫还是害虫吗？

蚜虫

以植物为食的瓢虫为害虫
以蚜虫为食的瓢虫为益虫

有益和有害的瓢虫之间有明确的界限，尽管属同一科，但它们互不通婚，始终保持着各自的生活传统，所以瓢虫中不会产生"混血儿"，它们的种类属性比较单纯。

瓢虫里面没有"混血"哦！

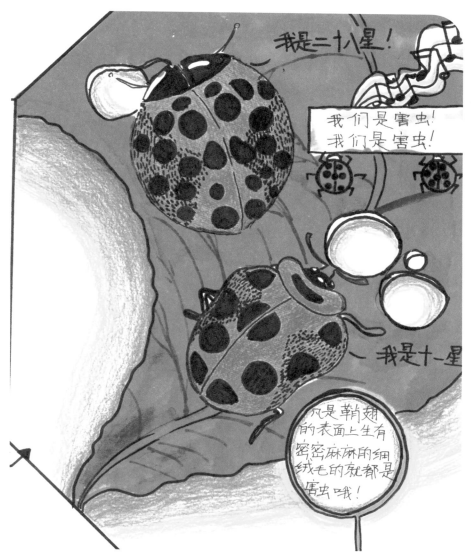

　　瓢虫有个昵称叫"花大姐"，它们的身体是半个圆球，背上有黑色或者红色的斑点，看起来非常漂亮。世界上一共有超过5000种瓢虫，识别瓢虫最有效的方法就是看它们身上的斑点个数。我们最熟悉的七星瓢虫，它们以麦蚜、棉蚜、槐蚜、桃蚜等多种害虫为食，有着"活农药"的美誉。

七星瓢虫会装死

在遇到危险的时候，小昆虫们除了会用保护色、拟态和警戒色来保护自己以外，"装死"也是一些昆虫的拿手绝活。七星瓢虫能将"装死"这一手段练习得炉火纯青。

当有天敌靠近或者有人故意晃动树枝时，七星瓢虫就将脚缩到肚子下面，从树上跌落下来。之后整个身体一动不动，就像是死了一样，借此躲过敌人的攻击。过不了多长时间又会恢复原来的样子，趁敌人不注意顺利逃走。

昆虫为什么会装死呢？其实和人受到刺激后浑身僵硬的道理是一样的。发现危险之后，昆虫的神经会高度紧张，然后发出信号使肌肉收缩，保持高度警惕。这只是一种简单的刺激反应，真正死亡的昆虫肌肉反倒是舒张的，脚也不像装死的昆虫那样紧紧收在身体下面，但这招"瞒天过海"在实际遇到危险时却屡试不爽。

瓢虫在我国分布很广泛，在田野间我们很容易看到它们，你仔细观察过它们么？记录下你在什么季节、在哪里、当时看到它们是什么样子。它们和谁在一起，周围有哪些植物和昆虫，你能把这些都画出来么？

动物观察笔记

我看见它一直顺着叶子往上爬，爬到最高处，突然张开翅膀，飞起来了。

瓢虫的翅膀

瓢虫的翅膀是双层的，外层的翅膀就像是两片坚硬的盔甲，叫鞘翅，当它们飞过树林的时候可以免受树枝和杂草的伤害。鞘翅下面藏着薄薄的软翅，是主要的飞行工具，不用的时候还可以藏在硬翅膀下面。

② 又爱又恨的蜘蛛

　　蜘蛛是食肉性动物，喜欢捉昆虫吃。有个别蜘蛛甚至能捕食到比自己大几倍的小鸟、鼠类当大餐，真是不可思议！

　　蜘蛛天生会织网。它们想结网的时候就从体内吐出黏稠的液体，这种液体遇到空气很快凝结成丝。织好网后，它们就等着猎物"自投罗网"了。猎物一落网，先用毒液杀死猎物，再用消化酶分解成液汁，然后像喝饮料一样"喝掉"。

　　还有一些蜘蛛天生就好玩耍，到处游猎，居无定所，完全不结网、不挖洞，不造巢。

2-8 cm 黑寡妇蜘蛛

雄蜘蛛腹部有红色斑点

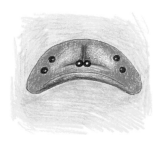

蜘蛛到处织网，捕捉昆虫。世界上目前已知蜘蛛超过4万种，我国已知近3000种。这是蜘蛛的眼睛，大部分的蜘蛛有八只眼睛。

毒蜘蛛对人类的安全产生威胁，部分蜘蛛也会危害农作物。蜘蛛如果腹部红色就是有毒的，世界上很有名的毒性较强的是黑寡妇蜘蛛。

蜘蛛对我们人类既有益又有害，在农田中蜘蛛捕食的大多是农作物的害虫。它还是蟑螂的天敌，在家中比有些蟑螂药更有用。

③. 蜜蜂嗡嗡嗡

蜜蜂发出的嗡嗡叫声是它们的语言。它们会跳一种8字舞蹈，用这个方式来传递蜂蜜的方向和位置。

蜜蜂采蜜的样子

蜜蜂跳舞的样子

蜜蜂飞行的样子

蜜蜂睡觉的样子

蜜蜂蛰人的样子

动态观察是观察事物在运动状态中的特点。动物观察笔记大多数情况下是在动的状态下进行的。要知道小动物们也很"调皮"！抓住动态来观察，再准确及时地画下来，这是观察的基本功，也是训练绘画的基本功哦！

蜂巢

蜜蜂是超级建筑师，它们会根据建造"房屋"的地点建造不同的巢穴，而且都是六边形。

在蜂巢里每只蜜蜂都有明确的分工，它们各自完成任务，过着和谐的生活。由于工蜂特殊的身体结构，蜜蜂中只有工蜂采蜜。当工蜂采集花粉时，长满绒毛的后足就会沾满花粉，它们把这些花粉和唾液搅拌在一起，形成圆圆的小球，经过花粉栉送入花粉篮中，这样在飞行过程中，花粉小球不会坠落和丢失。

我是工蜂
我的体型最小
我最勤劳

蜜蜂和马蜂的区别

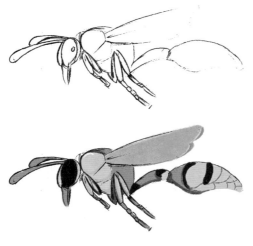

马蜂表皮光滑，有着各种颜色的花斑。它的翅膀狭长，静止时褶在一起，马蜂有很细的腰。

蜜蜂的表皮呈现黄褐色或黑褐色，长有浓密的毛。它有两对膜质翅：前翅大，后翅小。腹部近于椭圆形，体毛比胸部要少，腹末有螯针。

蜜蜂喜欢黄色

蜜蜂只能分辨出四种颜色——黄色、蓝色、蓝绿色以及人类肉眼捕捉不到的紫外线的颜色。黄色最明亮，所以黄色的花更受蜜蜂青睐。

铅笔和彩铅笔都可以用平涂和重叠涂的方法实现画面效果。具体的笔法其实没有特别的规定，你可以按照下图示意的样子练习，也可以用自己的方式去涂。有时候根据不同的动植物或者景色，你可能会创新出更好的笔法。

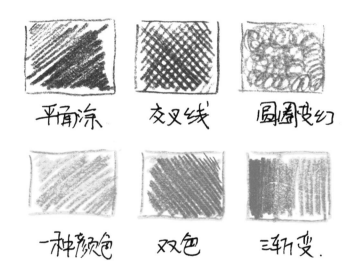

平角涂　　　交叉线　　　圆圈变幻

一种颜色　　双色　　　三渐变

颜色从重转浅，用笔方法有很多种。
1、逐步加重，手用劲也有变化；
2、利用线条穿插产生层次；
3、用线条的疏密来表现从强到弱的节奏。

想了解有关蜜蜂的更多知识，可以扫描二维码，一起快乐学习吧

4. 蚕宝宝的一生

幼虫 特点： 有气孔，
　　　　　全身共有8对足，三对胸足，四对腹足，一对尾足。
　其中胸足帮助进食，腹足使身体前进，尾足帮助抬起身体活动。

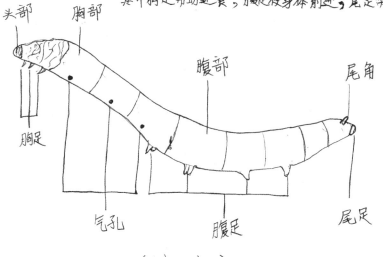

头部　　胸部

腹部

尾角

胸足

气孔　　　腹足　　尾足

（幼 虫）

　　按照动物的生长周期进行观察，我们可以叫它周期观察笔记。这种方法很适合观察容易饲养的小动物。

家蚕的英文名是"silkworm"（丝虫），很形象地说明了蚕的特质——用丝来编织自己的茧。

刚从卵中孵化出来的蚕宝宝小小黑黑的像蚂蚁。它们身上长满细毛，大约两天后毛就不明显了。我们叫它"蚁蚕"，蚁蚕出壳后约40分钟就能吃东西，这时就可以喂养了。养蚕的时候最应该注意的是温度、湿度、新鲜的桑叶。

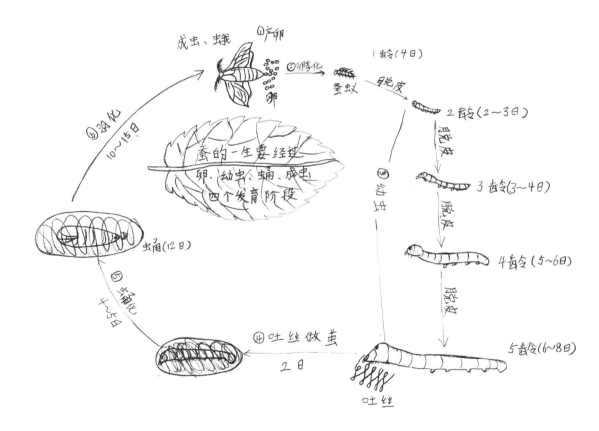

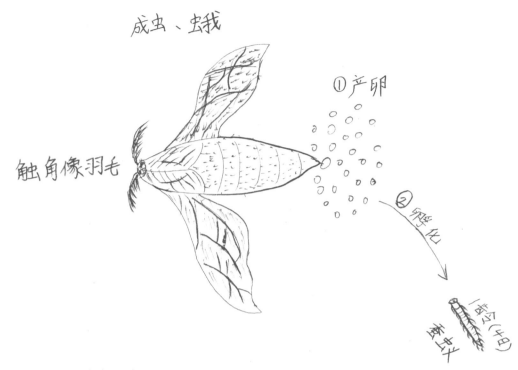

成虫、蛾

①产卵

触角像羽毛

②孵化

1龄幼虫(4日)

蚁蚕

　　虽然小蚕喜欢温暖干燥的环境，但它们也需要一定的温度和合适的湿度，在孵化小蚕的盒子上洒水是为了保持空气的湿度，只有在气温、湿度合适的情况下，小蚕才会出来。

　　蚕宝宝有超强的食欲。它们可以昼夜不停地吃桑叶，所以生长得非常快，"蚕食鲸吞"中的"蚕食"就是这样来的。它们脚部有吸盘，可吸在粗糙的物体上。当它们头部的颜色变黑的时候即表明它们将要蜕皮。

③幼虫

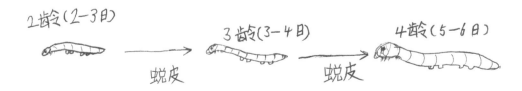

2龄(2-3日)

蜕皮

3龄(3-4日)

蜕皮

4龄(5-6日)

  动物观察笔记

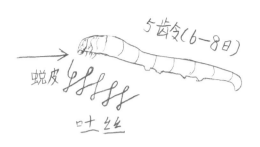

5龄(6~8日)

蜕皮

吐丝

在完成四次蜕皮之后它们的身体会变为浅黄色，皮肤也变得更紧，这表明它们将会用丝茧来包裹自己，在茧中变态成蛹。

家蚕的发育过程要经过受精卵—幼虫—蛹—成虫四个时期，而且幼虫和成虫在形态结构和生活习性上有明显的差异，像这样的发育过程，叫做完全变态发育。

④吐丝做茧

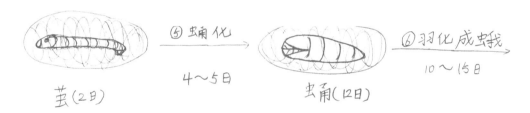

⑤蛹化
4～5日

⑥羽化成蛾
10～15日

茧(2日)

蛹(12日)

成虫的蛾不能飞，它又被称为"蚕蛾"，只是用于产卵以繁殖后代。一般雌蚕蛾要比雄蚕蛾胖一些。

5. 蜗牛慢吞吞

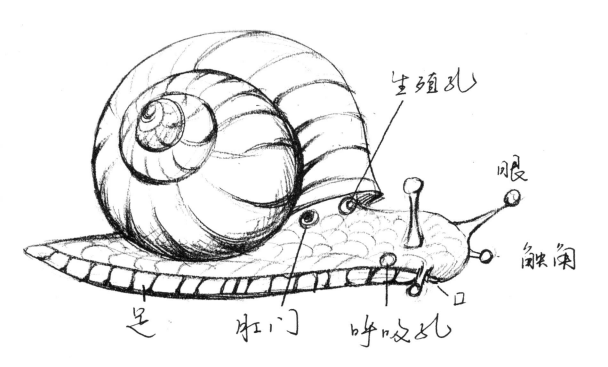

生殖孔

眼

触角

足

肛门

呼吸孔

口

蜗牛：腹足纲，汉语中只指陆生种类。

软体动物：在土里产卵，吃腐烂的植物。

蜗牛是世界上牙齿最多的动物。

有脆弱的壳，可以向不同方向旋转。

它有两对触角，较大的那对长在头顶两端。

蜗牛的足长在身体下部，是由肌肉组成的，也叫腹足。

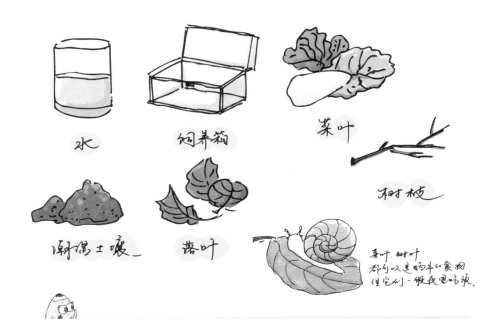

水

饲养箱

菜叶

树枝

潮湿土壤

落叶

菜叶、树叶
都可以是蜗牛的食物
但它们一做我里的水.

现在你似乎已经能用"画"记录你要记下的东西了。那我们把蜗牛的家描绘一下吧！养一只小蜗牛需要潮湿土壤，菜叶、树枝和落叶。我们把它们布置好，然后画下来。

树叶

蜗牛最致命的天敌是萤火虫。萤火虫在夜间活动，主要捕食蜗牛，萤火虫会注射一种毒素使蜗牛麻痹后变成液体，然后慢慢享用。它们的幼虫可以蚕食蜗牛身体，成虫在蜗牛身体内产卵。

"睡着了"

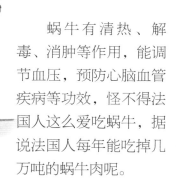

蜗牛有清热、解毒、消肿等作用，能调节血压，预防心脑血管疾病等功效，怪不得法国人这么爱吃蜗牛，据说法国人每年能吃掉几万吨的蜗牛肉呢。

找一找昆虫们都在哪里

时间：

天气：

地点：

你看到什么了？

听到什么了？

它们是谁？

我们在写自然笔记的时候要做到我手画我眼，或者叫我手画我脑。只要你眼睛看到了，就能记录下来，只要你想到了，就能描绘出来。绘制技巧是可以通过学习和临摹提高的，但观察事物的方法和思维延展的习惯是在一开始就重点训练的。

你有没有想记录蜗牛饲养日记？比如按照日期，从小蜗牛到家开始，你每天看它们的活动。你可以给每只蜗牛起个名字，观察它们之间的个体差异，它们各自的喜好和活动特点。再比如做一些特别的实验，蜗牛怕水么？把它们放水里会怎样？蜗牛是夜行动物，怎么观察它们在黑暗里的活动。

把它们记录下来吧，这是你自己的笔记，这是你的眼睛。

6. 黑暗潮湿我的家

公园里，小区的绿化带里，跟着父母一起旅行的途中，我们生活中随处都能见到小动物。当我们学习了关于它的知识，用眼睛观察，用大脑想象，用画笔发挥你的想象，把它的所有特点和知识点用图画及动画表现出来也是一种不错的尝试哟！

蚯蚓是我们再熟悉不过的动物了，看这三张蚯蚓画报总结的怎么样！

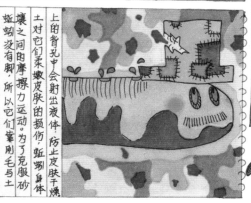

动物观察笔记

蚯蚓的作用有什么？

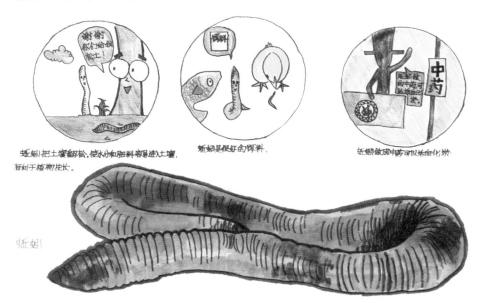

蚯蚓把土壤翻松，使水分和肥料容易进入土壤，有利于植物生长。

蚯蚓是很好的饲料。

蚯蚓做成中药可以治血化淤。

蚯蚓

蚯蚓有什么特点？

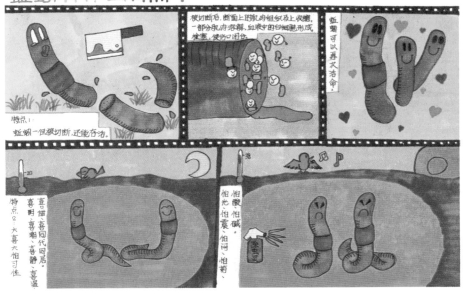

特点1：
蚯蚓一旦被切断，还能存活。

被切断后，断面上肌肉组织马上收缩，一部分肌肉溶解，血液中的白细胞形成栓塞，使伤口闭合。

蚯蚓可以再次活命。

特点2：大喜大怕习性
喜：喜温、喜同代同居、喜暗、喜潮、喜静、喜湿

怕酸怕碱
怕光、怕震、怕闷、怕药

7. 很像熊的虫

　　水熊虫是缓步动物的一种，我们平时是见不到它的。这种微型动物生活在淡水的沉渣、潮湿的土壤或者苔藓植物的水膜中。它们靠尖锐的吸针吸食动植物细胞里的汁液为生。

　　熊虫从卵里生出来就是成年了，没有童年期，身体里细胞的数量从出生到终生都不再改变。放在显微镜下观察，它们是胖胖的，像熊一样憨态可掬。由于模样很像熊，故科学家命名它们为"熊虫"。

你们用肉眼是看不见我的，要用显微镜看我哦！

这是一个在水中生活的微生物。

水熊虫是地球上生命力极强的生物，要杀死它们是极为困难的。因为它们不是寄生种类，就算吃进肚子里也会随着我们肠道的蠕动被包裹在吸收过的便便里排出来。最神奇的是收藏在博物馆达120年的苔藓类标本添加水分后，其中的水熊虫居然又恢复了活动状态。它的生命力比蟑螂还强，科学家也曾在盐矿中发现已冬眠了数百年的水熊虫，给予水分和营养后，能够醒过来并继续正常的生理活动。

你的笔记可以很科幻哈。发挥你的潜能，把看到的，知道的，查到的，都画出来。坚持下去，你离超级无敌科普画家就越来越近啦。

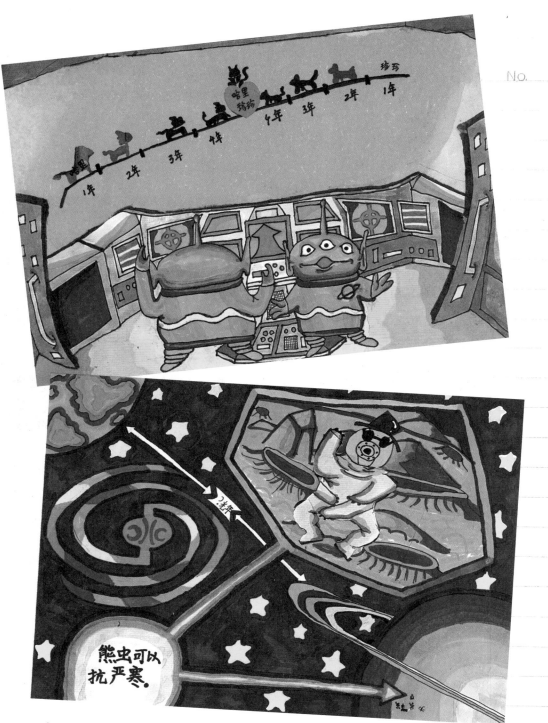

动物观察笔记

水熊虫真的上过太空，在太空中经过10天暴露在辐射、真空及低温条件下，3个小斑熊虫样本未受影响。这些经过恶劣太空条件考验的小家伙同对照样本一样，还可以排卵，并可脱壳成活。

科学家认为缓步动物这种能在极端条件下生存的能力对人类移居其他星球的研究十分重要。

想了解有关昆虫的更多知识，可以扫描二维码，一起快乐学习吧

第三部分 千奇百怪的鸟事儿

姚明：226厘米   最高的鸵鸟：275厘米

1. 能和马赛跑的鸟

鸵鸟来自非洲，它是世界上现存体型最大的鸟。成年鸵鸟身高约175～275厘米，体重60～160公斤。

它是鸟却不会飞，特别擅长奔跑。鸵鸟的腿上没有羽毛，脚分两瓣，大的那个就像是蹄。它们这种独特的脚能够应付危险而快速奔跑。

鸵鸟有一双迷人的大眼睛，带着浓黑的睫毛，它们的眼球号称是陆地生物中最大的眼球。在海洋中，只有鲸的眼球比它大。鸵鸟的视力也很好，它们可以看清3~5公里远的东西。

鸵鸟过着游牧般的群居生活，一般5－50只群居在一起，它们吃浆果和肉茎植物，也会吃动物如蝗虫、蚂蚱。

猎豹是鸵鸟的天敌，
豹子是世界上最快的动物，
好像很占上风，可是鸵鸟的腿
能置虎豹于死地！

鸵鸟天生敏感、警觉，在进食或者饮水时总有一只鸵鸟要担当警卫任务。野生鸵鸟的寿命为30～40年。

鸵鸟的后腿强壮而有力，这不但使它跑得快，而且还可以向前踢用以攻击。它跳跃可腾空2.5米，一步跨越可达8米，冲刺速度在每小时70千米以上。

鸵鸟的翅膀很大，却不能飞，翅膀的用处是能提高它们的跑步速度。

草

叶子

种子

嫩枝

根

多汁的植物

带茎的花

蜥

蛇

幼鸟

昆虫

它们没有牙齿，平时会吞吃一些小石子帮助磨碎胃里的食物。它们也可以长期不喝水，靠摄取植物中的水分来生活。

2. 世界上最小的鸟

　　生物都有自己的栖息环境，在环境中生物与生物之间，生物与非生物之间有着十分密切的联系。动物进化的过程中，相应器官的特殊作用也说明了它们为适应环境而做出的努力！看看鸟儿们的特点。

蜂鸟，世界上最小的鸟类，也是最小的温血动物。它的羽毛色彩鲜明，分布局限于西半球，在南美洲种类极多。

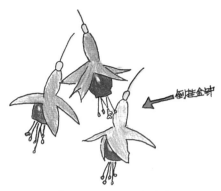

→ 倒挂金钟

蜂鸟喜欢有花朵的植物，包括小虾花，倒挂金钟（又名吊钟花、吊钟海棠、灯笼海棠）。蜂鸟采食这些植物的花蜜，多数蜂鸟也以昆虫为食。

蜂鸟非常喜欢红色的花。

蜂鸟双翅的拍击非常迅捷，所以它在空中停留时看上去似乎是静止的，像直升飞机一样悬停着。你看它在一朵花前一动不动地停留片刻，然后箭一般地朝另一朵花飞去。它用细长的舌头探进花蕊中吮吸花蜜。

惊人的记忆力

　　蜂鸟的大脑只有大约一粒米大小，但它们的记忆能力超级强大。蜂鸟不但能记住自己刚刚吃过的食物种类，甚至还能记住自己大约在什么时候吃的东西，因此可以轻松地吃那些还没有被自己"品尝"的东西。有报道说："自然界中的蜂鸟都拥有自己的势力范围，它们不但能清楚地记住自己曾采过哪些鲜花的蜜，甚至能判断光顾这些花朵的'大概时间'，进而根据不同植物重新分泌花蜜的规律来寻找新的食物。"

这样，当蜂鸟再次出动的时候，就能做到不去"骚扰"那些花蜜已经被自己采空的植物了。研究人员宣称，小小的蜂鸟最多能分清楚八种不同类别鲜花的花蜜分泌规律。

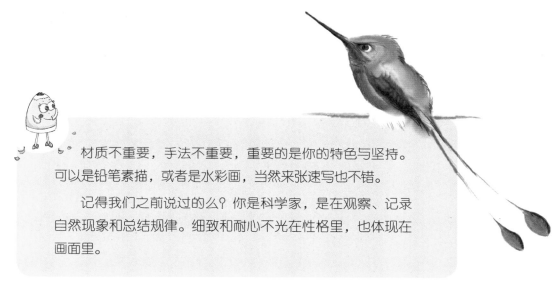

材质不重要，手法不重要，重要的是你的特色与坚持。可以是铅笔素描，或者是水彩画，当然来张速写也不错。

记得我们之前说过的么？你是科学家，是在观察、记录自然现象和总结规律。细致和耐心不光在性格里，也体现在画面里。

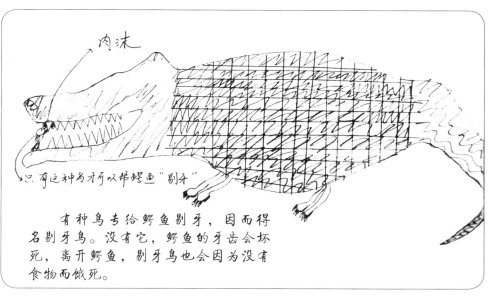

肉沫

只有这种鸟才可以帮鳄鱼"剔牙"

有种鸟专给鳄鱼剔牙，因而得名剔牙鸟。没有它，鳄鱼的牙齿会坏死，离开鳄鱼，剔牙鸟也会因为没有食物而饿死。

3. 是鸟不会飞，会游不是鱼

　　企鹅是一种古老的鸟类，它们是鸟却不会飞，常年在水里游却又不是鱼。

　　和其他鸟儿一样，企鹅有羽毛、喙、爪，它们又是特殊的鸟类，与普通鸟类在骨骼、翅膀、羽毛等方面存在很大的区别。企鹅属于海洋动物，因为它主要依靠海洋来生活，海里的一些小鱼和磷虾等都是它的食物。

　　企鹅是南极的象征。然而，企鹅并不是南极的专属品哦，在南温带、亚热带甚至热带都有企鹅的身影。在南极大陆越冬并繁殖后代的企鹅事实上只有帝企鹅一种。

　　帝企鹅最明显的特征就是在它们的眼睛旁和脖子底下有一片亮黄色的羽毛，那片亮黄色的羽毛为帝企鹅增加了一份庄重典雅的气质。

帝企鹅　可爱的外表和奇特的羽毛

成年帝企鹅

灰色帽带

喉部的非羽绒绒毛

后背及翅膀是黑色的

白色的肚皮

坚硬的黑色尾羽

雌/雄帝企鹅轮流孵蛋

幼崽的绒毛是灰色的

企鹅的脚上有很多脂肪，再加上最外面角质的皮像橡胶一样可以保证温度不易散失，就算在寒冷的冬天不穿鞋也不怕冷了；企鹅的腿短，趾间有蹼，都是为了游泳常年进化成这样的。

企鹅的羽毛呈重叠、密集的鳞片状，均匀地披在企鹅的全身。这种羽毛又硬又短，形成了一种特殊的很难被海水渗透的"羽被"，也正是这种"羽被"，企鹅才拥有比其他鸟类更为耐寒的本领。

每年5月左右，企鹅妈妈产下企鹅蛋。由于怀孕耗费了太多体力，企鹅妈妈已经筋疲力尽，它需要去海边寻食补充体能。这时照顾企鹅蛋的重担就落到了企鹅爸爸的肩上。

企鹅的性情憨厚、大方。它们的腿很短小，走路一摇一摆的才能支撑起它们胖圆的身体，像个不倒翁，又像悬挂的钟摆，样子十分可爱。经过研究发现摇摆着走路可以减少能量的消耗，因此企鹅左右摇摆的这种走路姿势为它们省了不少力气呢！

动物观察笔记

有羽毛的鱼

　　企鹅虽然与鲸的体积相差较大，但是它们在水下的速度不相上下。企鹅的游泳速度能达到5.4~9.6 千米/ 小时，因此企鹅被称为"有羽毛的鱼"，那是名副其实的。

　　企鹅的游泳速度如此之快，很大程度上是由它身体所具有的特点决定的。企鹅的羽毛呈鳞片状，羽毛覆盖连续不中断，这与鱼类的鱼鳞有很大的相似性。此外，企鹅的骨骼较为沉重，还有较为突出的龙突骨。这样的骨骼容易支配身体，控制方向和速度。

想了解有关企鹅的更多知识，可以扫描二维码，一起快乐学习吧

4. 蜂鸟与鹦鹉

如果说蜂鸟是块美丽的花手绢，那鹦鹉就是绚丽的大围巾。

如果你总觉得自己画不出漂亮颜色，那就赶紧去看它们吧。大自然是最好的画家，它们给动物们穿最得体、漂亮的衣服。到自然中去学习吧！

在你即将看到的景物里有无限的可能。

这些是我非常喜欢的鸟类。
鸸鹋、大嘴鸟、蜂鸟。它们
的体型非常特别，羽毛
颜色丰富，感觉很好。
它们的感觉，会让生活更
有活力。鸟儿虽然
小，但是它取
拥有蓝天！

观察鸟的时候注意这几个"部件"相互的关系，谁在谁的什么相对位置，就能很好地抓住鸟的姿态。

鸟的各种姿态不容易画，概括起来是一个三角（嘴），一个圆球（头），一个椭圆球（身子），两把扇子（翅膀），一把尺子（尾巴）。

有喙无齿　林两足　卵生

身披羽毛　胸肌发达利于飞翔

鸟类特征

体温恒定

动物观察笔记

除了对外形细节的观察模仿以外，还要善于从科学的角度总结呦！总结的时候可以用简单的文字和绘画来表示，只要你能理解，方便将来回顾知识点，别人看不懂也没关系啦！

5. 随身带环保袋的鸟

鹈鹕的"环保袋"——喉囊

鹈鹕：体长约2米，羽多白色，嘴长，翼大，嘴下有一个皮质的囊，可以用于兜食鱼类。又名：塘鹅，送子鸟。全世界有八种，中国有两种。

鹈鹕的嘴巴下面有个大袋子，叫喉囊，像渔网一样能吞进很大的鱼，还能储存食物。当鹈鹕觅食回家后，小鹈鹕会把头伸进妈妈的喉囊中，取食食物。

喉囊

尾脂腺——

鹈鹕的喉囊里可以装满水。

鹈鹕正在把油脂往羽毛上抹，鹈鹕尾羽根部有个油脂腺，能够分泌油脂，油脂被用来涂抹羽毛，保持羽毛光滑柔软，这样便于它游得更快。

鹈鹕

鹈鹕趾间的蹼非常有力，可以像桨一样用来划水。

一样的"大嘴巴"，不一样的尺寸和功能哦！有的大嘴最多可以装10千克的水呢。过滤掉水后，小鱼露出，就可以美美地吃掉啦！

6. 大嘴巴的鸟

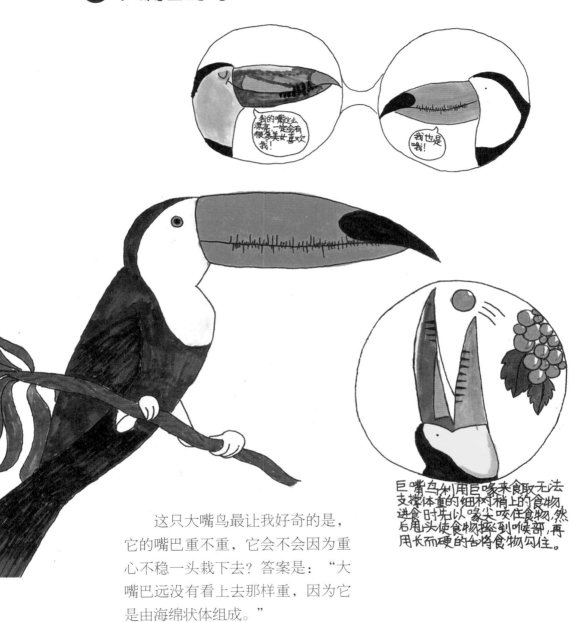

巨嘴鸟利用巨喙来食取无法支撑体重的细树梢上的食物，进食时先以喙尖咬住食物，然后甩头使食物掷到喉部，再用长而硬的舌将食物勾住。

这只大嘴鸟最让我好奇的是，它的嘴巴重不重，它会不会因为重心不稳一头栽下去？答案是："大嘴巴远没有看上去那样重，因为它是由海绵状体组成。"

7. "抢"东西的鸟

军舰鸟一般栖息在海岸边的树林中，主要以捕食鱼、软体动物和水母为生。它白天常在海面上巡飞遨游，窥伺水中的食物，一旦发现海面有鱼出现，就迅速从天而降，准确无误地抓获水中的猎物。有趣的是，军舰鸟时常懒得亲自动手捕捉食物，而是凭借高超的飞行技能，拦路抢劫其它海鸟的捕获物。军舰鸟是世界上飞行最快的鸟之一，它不仅飞得高，又能在空中灵活翻转，同时还能飞往离巢穴很远的地方，真是一个飞行家呀！

求偶的雄鸟为了展示，会鼓起鲜红色的喉囊。

准确地抓住特征，想象一个故事情境，用绘画的形式表现出来，增强了视觉效果，同时可以让自己和别人更容易记住，很棒的一种想法和做法哟！

长的钩状嘴，飞速俯冲的本领，在空中袭击那些叼着鱼的海鸟。那些海鸟吓得丢下嘴里的鱼仓皇而逃。

8. 聪明的乌鸦

玻璃筒

直铁签

盛食物的水碗

乌鸦脑子很发达。研究人员曾在报告中写道："它们(乌鸦)的脑容量与身体相比非常大，跟黑猩猩的脑容量与身体之比差不多。"新的研究证明，乌鸦的智商赛过大猩猩。它们能猜测别人的意图，感知能力可与灵长类动物相媲美。

乌鸦用嘴把铁签弯成了钩子！

乌鸦是一种很聪明的动物。为了测测它的智商，科学家做了一个很有趣的小实验，他们把盛着食物的小碗放进乌鸦嘴伸不进去的玻璃筒中，能帮助它的只有一根直铁签，乌鸦会怎么做呢？

　　看！它们为了享用美食，还会动脑筋使用工具。将乌鸦与邪恶联系起来，实在是冤枉了这类聪明的鸟儿。

乌鸦是益鸟。它们吃蝗虫、蝼蛄、金龟子以及蛾子的幼虫，对保护庄稼有好处。有些乌鸦还喜欢腐肉，能消除动物尸体对环境的污染，起到净化环境的作用。

 动物观察笔记

9. 会弹琴的鸟

雄琴鸟以求偶时炫耀的姿态和富于模仿的鸣叫而闻名。它们可以惟妙惟肖地模仿其他生物，甚至机械的声音。

无论如何，你都要有勇气和毅力画下去，不能因为自己觉得画得不理想而放弃。日复一日，慢慢进步，你会发现越来越好。你的眼、脑、手在一瞬间幻化成手中的笔，流畅的线条是你的心在跳舞，发现美，描绘美。

想了解有关鸟的更多知识，可以扫描二维码，一起快乐学习吧

第四部分 哺乳动物萌萌哒

1. 庖丁解牛

　　牛是一种哺乳动物，部分种类是我们常见的家畜，比如家牛、黄牛、水牛、牦牛，它们能帮助人类进行农业生产。还有一部分牛是野生保护动物，体型粗壮，公牛的头部长有一对角。

　　出土的牛颅骨化石和古代遗留的壁画等资料证明，普通牛起源于原牛，在新石器时代开始驯化。

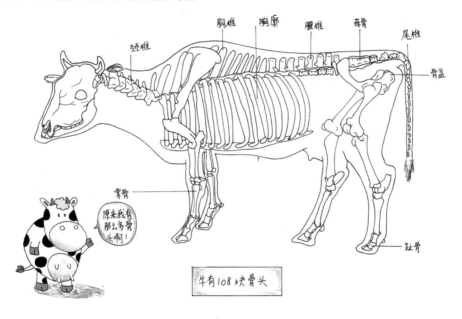

胸椎　胸廓　腰椎　荐骨　尾椎
颈椎　　　　　　　　　　骨盆
掌骨
原来我有那么多骨头啊！
趾骨

牛有108块骨头

　　科学家们常常为了更深入详细地对观察对象进行观察，会采取解剖的方法进行观察，看看这幅解剖牛图吧。

哺乳动物运动快速，是脊椎动物中结构、功能最为复杂的高级动物类群，因能通过乳腺分泌乳汁来给幼体哺乳而得名。

哺乳动物依靠身体内部产生热量来维持一个恒定的高体温。它们是温血动物。

哺乳动物有毛发，外表光滑的鲸科其实在身体的某些部位也有少量毛发。

哺乳动物分布于世界各地，陆地、水中、空中随处都可以看到它们的身影，依据它们捕食的习惯，把它们分为草食、肉食和杂食三种类型。

刚才介绍的是牛，是哺乳动物的一种。如果提到哺乳动物一般都绕不过它——鸭嘴兽。因为它是最原始的哺乳动物之一，是未完全进化的哺乳动物，是最低等的哺乳动物之一。

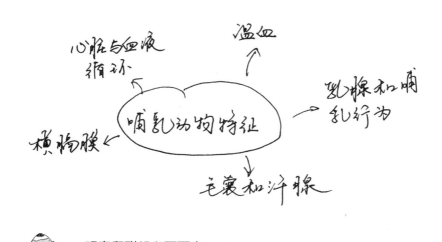

心脏与血液循环

温血

乳腺和哺乳行为

横膈膜

哺乳动物特征

毛囊和汗腺

观察和联想必不可少

我们观察、实验、调查、制作、搜集、分析，不断去探究科学的秘密。在观察的过程不断的归类必不可少。这有助于你思路清晰地去寻找下一个观察目标，而下一个目标就在现在这个目标里。

鸭嘴兽全身裹着柔软褐色的浓密短毛，四肢很短，五趾具钩爪，趾间有薄膜似的蹼，酷似鸭足，嘴巴极宽扁，上面布满神经，能像雷达扫描器一般，接收其他动物发出的电波。鸭嘴兽仗着这一利器，在水中寻找食物和辨明方向，它的嘴在水里游泳时还起着舵的作用。

　　鸭嘴兽母体分泌乳汁，哺育幼仔成长，但不是胎生而是卵生。它们像鸟儿一样由母体产卵，靠母体的温度孵化。鸭嘴兽妈妈没有乳房和乳头，在腹部两侧分泌乳汁，幼仔就伏在母兽腹部上舔食。

成年鸭嘴兽

幼年鸭嘴兽

　　春季是鸭嘴兽妈妈生宝宝的季节，成年鸭嘴兽会在河岸上用前脚上的宽指甲挖一个特殊的洞。雌兽挖相当于16米长的洞穴，用湿草铺好，里面有一个或多个小巢。鸭嘴兽妈妈将卵产于巢内，每次2-3个卵。卵比麻雀卵还小，彼此粘在一起，经过两个星期的孵化，小鸭嘴兽就诞生了。

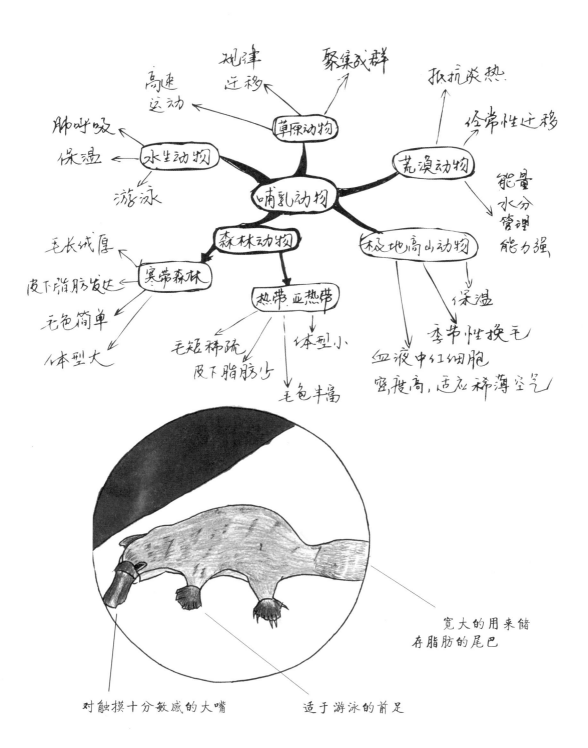

高速运动

规律迁移

聚集成群

抵抗炎热

经常性迁移

肺呼吸

保温

游泳

草原动物

水生动物

哺乳动物

荒漠动物

能量水分管理能力强

森林动物

极地高山动物

保温

毛长绒厚

皮下脂肪发达

毛色简单

体型大

寒带森林

热带 亚热带

体型小

季节性换毛

毛短稀疏皮下脂肪少

毛色丰富

血液中红细胞密度高，适应稀薄空气

宽大的用来储存脂肪的尾巴

对触摸十分敏感的大嘴

适于游泳的前足

2. 大王驾到

　　狮子是以食肉为生的哺乳动物，它和猫咪还是亲戚呢，它们都是猫科动物！目前狮子们主要生活在非洲的大草原上，属于群居动物，所以我们常见到的狮子们都是成群地出现！

狮子 是哺乳动物 猫科 豹属，可分为两个亚种，非洲狮和亚洲狮。
　　狮子是唯一成群生活的猫科动物。雌雄狮在群中分工不同。
母狮负责捕食。
　　狮体重在120-250公斤，体长140-192厘米。
区别于其它猫科动物的是，雄狮有明显的
鬃毛，为的是相互打斗时起保护的作用。

　　狮子亚种猫科动物中
唯一真正群居的动物。
　　狮子主要捕食有蹄类，如大羚羊
斑马，有时也捕食大象。
　　吃饱后，狮子要喝大量的水，然后回
到隐蔽处消磨时光。

　　在走进野生动物园之前，一定要做好功课，比如查阅动物的资料，回家在所画的动物旁边配上文字，你看酷不酷？

90　动物观察笔记

鬃毛是雄狮雄性魅力的展现，在吸引异性上有着举足轻重的作用而且在一定程度上还可以威慑其它雄狮！看！雄狮子比雌狮子要漂亮很多哦！

　　论速度和力量，狮子们可能比不上丛林中的老虎，但狮子们群居的属性可以帮狮子们大忙，尤其是在它们捕猎的时候。狮子们非常团结，所以要是哪一个动物被狮子们围攻了，那它逃跑的机会可是太小了，宽阔的大草原可以让狮子们尽情地发挥自己奔跑的优势，这样一来，草原上有了这个团结的狮群，能不是草原上的"霸王"吗？

猫科动物

狮子的幼儿园

　　雌狮在怀孕三个月半的时候，雌狮就可以产下小狮子，雌狮每次可以生下2~4个小狮子。但在危险的野外生存，真正能存活下来的小狮子一般只有1~2只。

　　狮群里新出生的幼狮的年龄几乎一致，这样幼狮不单单只靠自己的母亲照顾，狮群里面的很多雌狮都可能是幼狮们的"妈妈"！这种无私的表现可是狮群里一个很有趣的现象。

母狮一次生2~4只小狮子，但真正能活到成年的一般只有1~2只。

小狮子的身上有许多斑点，能起到保护自己的作用，长大后斑点会慢慢消失。

它们10~11个月就会自己捕猎，2岁就可以独立生活。

离家出走的大王

　　大部分的雌狮长大之后都会留在原来的狮群中，但成年的雄狮是不允许留在原来的狮群中的，因为它们会影响狮群原有的结构，也会被狮群中其他的狮子强制赶走。除非它们有足够的能力可以挑战狮群的首领，否则它们就必须选择离家出走，到一个更远的地方建立自己的领地，和草原上其他的狮子组成一个新的狮群。

　　按照生物学上的食物链来说，狮子是没有天敌的，它们处于食物链的顶端，像羚羊、野牛等动物，都是狮子经常捕捉的猎物。

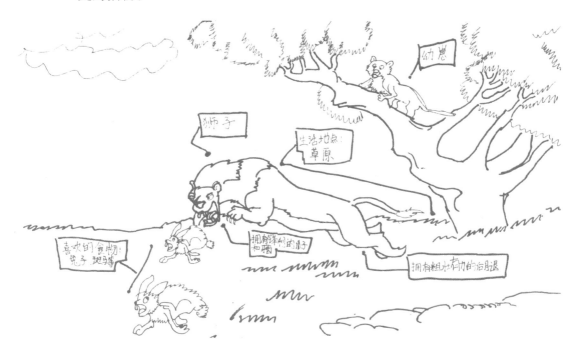

狮虎一家亲

狮子在分类上属于猫科豹属，在这个范围内，就有好多动物亲戚呢！像我们熟知的老虎，虽然它们不经常见面，但是它们是一个家族！还有豹子、狮虎兽、虎狮兽、狮狮虎兽等动物，它们都是狮子的亲戚。

狮虎兽就是狮子和老虎交配产下的动物，是雄性狮子和雌性老虎繁育的后代。如果是雄性老虎和雌性狮子繁育的后代，则被称为虎狮兽，这种动物最开始是在人类饲养下产生的。

狮虎兽就是雄性狮子和雌性老虎繁育的后代。如果是雌性狮子和雄性老虎繁育的后代，则被叫做虎狮兽。这种动物最开始是在人类的饲养下产生的。

狮虎兽是猫科豹属动物中体型最大的，它们继承了狮子和老虎的很多优点，它们爱游泳，有老虎身上的豹纹，却没有狮子夸张的鬃毛。

狮虎兽的成活率非常低，而且寿命很短，所以现在世界上的狮虎兽和虎狮兽一共才有1000只，是一种非常稀有的动物。

想了解有关老虎的更多知识，可以扫描二维码，一起快乐学习吧

3. 照猫画猫学科学

★ 观察方法有很多种，我们已经知道了很多，在生活中，这些观察方法实际上是综合运用的。我们来试试，用多种方法综合记录动物们的各种特征习性吧！

猫可以在漆黑的夜晚活动

猫不习惯白天亮眼的日光，眼睛疼的它们就会选择闭上眼睛，有时候闭着闭着它们就睡着了。

猫是夜行性动物，它们的夜视能力是我们普通人的六倍。漆黑的环境下，对于猫咪来说，就像是在一个满月的夜晚走在平旷的草地上。

除了猫咪，人类的忠诚的朋友狗的眼睛在黑夜里也会发光，还有狼、老虎、豹子和猫头鹰等动物，它们的眼睛都会在黑夜发出淡淡的光芒。

 动物观察笔记

当猫在黑暗中瞳孔张得很大的时，光线反射下猫眼好像会发出特有的金光或绿光，给人一种神秘的感觉。

这下我知道了，
猫猫是个厉害的夜行大侠

猫咪为了保护自己的眼睛，就会在光线很强的时候缩小自己的瞳孔来减少光线的进入。瞳孔就像是一道门，打开一点就放了一点光线进入，猫咪的瞳孔最小的时候甚至可以变成一条缝。到了晚上光线很弱的时候，猫咪的瞳孔就会全部张开，我们就看到它黑溜溜的大眼睛了。所以，猫咪瞳孔的放大缩小完全是它的自我保护，防止自己的眼睛被强光照坏。

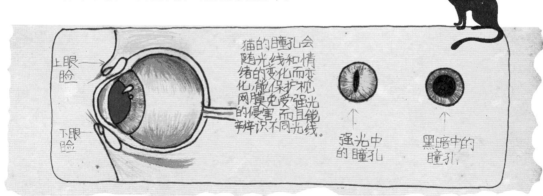

上眼睑

下眼睑

猫的瞳孔会随光线和情绪的变化而变化，能保护视网膜免受强光的侵害，而且能辨识不同光线。

↑
强光中的瞳孔

↑
黑暗中的瞳孔

猫猫的语言

折耳猫

小心，我要发怒了！

我很害怕哦！

语言

我服你还不行吗

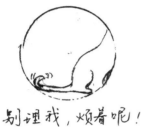

别理我，烦着呢！

狸花猫

这是什么啊？快让我看看！

我们做朋友吧！

见到你很开心哦！

嗨！我在这儿！

加菲猫

猫咪有很多"肢体语言"，如果你仔细观察它们，就会发现，它们的感情可丰富了。

猫猫怀孕了

猫的怀孕期是63天。

怀孕期间，饭量是平时的1.5倍。

×1.5

想了解有关猫猫的更多知识，可以扫描二维码，一起快乐学习吧

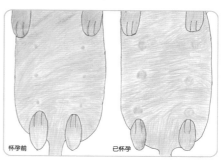

怀孕前　　　已怀孕

猫能看见人看不到的东西

　　猫的眼球比人的短而圆，视野角度比人更宽阔。当你把手指放到猫咪眼睛的斜后方，它是能看到的。它的视野比人类的视野要更广。

人类的眼睛

猫的眼睛

熊猫的头骨

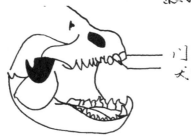

门齿
犬齿

上方后四颗为臼齿
旁边三颗为前臼齿

　　虽然熊猫带一个"猫"字，但大熊猫和猫科动物没有多大的亲缘关系，大熊猫的基因更接近熊类的基因。所以大熊猫不是猫。

顺便说说大熊猫

大熊猫很特别，它是以竹子为自己的主食，在竹子充足的情况下，它们不会捕获动物作为食物。所以大熊猫是独立的一个科种，它既不是猫科，也不是熊科，而是大熊猫科。

大熊猫在进化的过程中，仍保留了祖先的那些特点，只是由于生存环境发生了很大的变化，渐渐地，它们退居到深山竹林里，过着与世无争的"隐士"生活。于是现在的大熊猫变成了吃竹子的食肉动物。

4. 河边有只小浣熊

自然观察方法就是对大自然中存在的东西进行观察。比如在田野或者植物园里观察植物的成长情况，在森林或动物园里观察动物的活动情况。

浣熊，干脆面？一只玩具？还是《功夫熊猫》里熊猫的师傅？真正的浣熊是什么样呢？

还有高高的树

茂密的树林是浣熊喜欢的

游泳健将的家周围要有很多水

2014. 8. 23.

亲，你真的在洗衣服么？

　　浣熊生活在有水、有树的地方，它们会在水里捕鱼，看上去像在水中浣洗食物，故名浣熊。

　　浣熊是吃肉的动物，它们爱吃鱼，也能吃很多杂食。春天和初夏它会吃昆虫、蠕虫。夏末、秋季及冬天，它更喜欢吃水果和坚果，如橡子、核桃。

鸟蛋也是它们的最爱。这么帅的大明星，我应该把它画下来。

大餐到……

你要学会的

看到一个动物或者植物以后，一定要努力去观察它的个性特征。没有深入的观察和总结，记录出来的日记是乏味和表面的。越仔细看，仔细想，就能越多地发现它的不同。随着兴趣点不断的发散，你就能有更多的联想和挖掘，于是日记的内容也就越来越丰富和有趣。

比如：你眼睛里浣熊最大的特点是什么？最吸引你的地方在哪里？你能把它描述和记录下来么？

1.先画头的大轮廓

3.戴上最重要的"大墨镜"

2.加上耳朵和鼻子

4.把鼻梁部分加点颜色

白天的时候浣熊最喜欢睡觉，它们有的蜷在树洞里，有的趴在石头上。到了晚上它们的生活才开始，所以说它们是夜行动物。

　　我们做自然笔记，不一定非要跑到很远的地方做惊天动地的冒险。比如你在动物园里看到了浣熊，可以先记录下"当下的观察"。比如当时的浣熊在做什么？是什么姿态？那天的天气如何？在周围你还看到了什么。记住，这些都一定是你当时最贴心的感受！

　　这些你可以用写的，也可以用画的，可以是用线条简单地记录，也可以回家以后补上更具体的颜色等等。然后你可以使用一切工具，补充和联想有关浣熊的知识。

5. 马儿你快快跑

马在很久以前并不是人们的坐骑，4000多年前，马更加重要的作用被生活在欧洲大陆草原深处的人们发现，他们偶然认识到，人类可以骑到马背上。从此马驮载着人类行进在漫长的历史发展道路上，陪伴着人类从原始社会走入了现代文明。

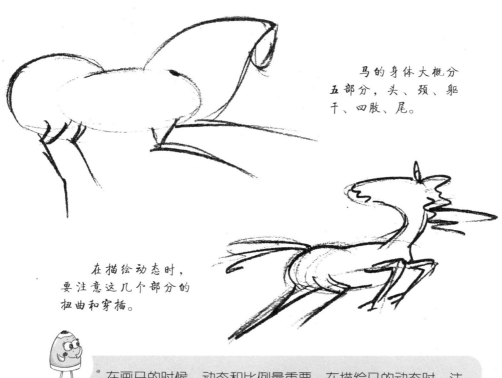

马的身体大概分五部分，头、颈、躯干、四肢、尾。

在描绘动态时，要注意这几个部分的扭曲和穿插。

在画马的时候，动态和比例最重要。在描绘马的动态时，注意几个部分的扭曲和穿插。

善于奔跑是马生存必须具备的一项技能。修长而健壮有力的四肢，有利于马快速地奔跑；鼻孔比较大，所以马的肺活量也就很大，体形是流线形，对空气的阻力很小。

阿特莱尔马

头部比较小，有
一个直线形成凸形的
轮廓，一般认为这是
高贵的象征。

强壮的肩部和前
臂，有很好的相对位
置，能产生高贵和有
生气的动作。

尾巴和鬃毛是浓
密而华丽的。

身体短而结实

肚围较深

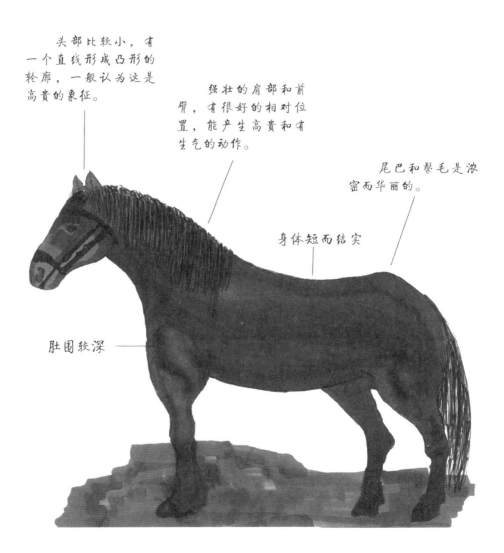

马有一张大长脸

　　因为马的脸很长，所以它在低下头吃草的时候，眼睛和耳朵还是暴露在外面的。另外马吃草的时候，在与地面保持一段距离的情况下就可以轻易地吃到草啦！马的脸真很长么？其实真正长的并不是马的脸，而是马的那张大嘴。

　　马的脑袋实际上只占到它那大长脸的1/3，所以剩下的2/3 就属于是嘴的长度了。从这个意义上来说，马实际上是长着一张大长嘴。

　　通过线条的粗细与轻重变化来描绘物体的内部结构、骨骼和肌肉的穿插，或者是不同结构的穿插，来表现整个形态。

最适合拍黑白大片的马

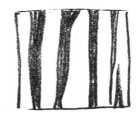

斑马因为身上的斑纹而得名，它们是非洲特产。

斑马身上的条纹和间隔的形成很早，小斑马还在妈妈肚子里的时候就已经确定了。然后随着它们慢慢长大，由于身体各部位发育的情况不同，出生后各部位所形成的条纹也就不一样了，每只斑马身上的条纹都是不同的，很像它们的身份证吧?

在狮子、豹子等动物的眼中，世界是黑白的，因此这种不易暴露目标的黑白保护色是斑马的宝贝。斑马的条纹还能干扰和分散蚊虫的视觉，避免被咬。

它有一口大马牙

马的牙齿就像一块很大的方糖那么大，而且十分坚硬。马的牙齿怎么会有那么大呢?

马是一种以草为主食的动物，但它同时也吃一些粗粮，比如说高粱、玉米。这些都是比较难以咀嚼的食物，而马的大牙齿正好帮助马解决了这个难题。

马耳朵的功效

马的耳朵朝前,表示马很高兴。

马的耳朵倒背代表马要发动攻击了。

马的耳朵一前一后代表马迟疑不绝。

马的耳朵长在头顶,即便是它在低头吃草的时候,都能察觉到细微的声音,包括天敌向它们靠近时的细小响动。马的耳朵还是马儿表达情感的窗口。哈!看看它们在说什么。

马疲惫想休息时耳朵一般会倒向前方或向两侧。

马紧张时,马会把耳朵高高竖起。

耳朵不停摆动,鼻子里发出响声,表示马十分恐惧。

想了解有关马的更多知识,可以扫描二维码,一起快乐学习吧

6. 你的心事我能懂

"狗是我们与天堂的连结。它们不懂何为邪恶、嫉妒、不满。在美丽的黄昏，和狗儿并肩坐在河边，有如重回伊甸园。即使什么事也不做也不觉得无聊——只有幸福平和。"

几千年来，狗一直是我们忠实的朋友，它们陪伴在我们左右，无私地奉献自己的一切。狗似乎很了解人类，主人的一颦一笑它都了然于心，但是人类到底有多么了解狗呢？现在就让我们一起走入狗的世界吧！

法老王猎犬

当它们开心和兴奋时，鼻子和耳朵会转为深玫瑰色。

这个品种的狗狗血统高贵，走路和动作非常平稳。

狗狗的品种有很多，现在数不胜数的狗种，正是长期以来人类对狗进行精心选育外加遗传变异的结果。

狗的祖先是狼吗？狗的祖先问题，生物学上一直都有两种对立的观点，一种说狗是由狼驯化而来的，狼是狗的唯一祖先。另一种观点认为狗很可能是狼、狐、豺等动物杂交的结果。这种杂交导致许多"混血儿"的诞生。

我是亚洲灰狼。

狼、豺狼、豺和野生猎狗同属于类犬动物科，它们都有共同点，一般头骨较大和锋利的牙齿。臼齿部分趋于扁展，能有起对付肉食和素食。

画画的最开始要学会概括大轮廓，比如，有些狗狗的头是圆的，而有些是长方形的，更有一些狗狗的头是菱形的。

法国斗牛犬

眼睛和鼻子的位置决定了狗狗的特征，有些狗狗的脸很长，眼睛靠上方，有些狗狗鼻子和眼睛都快挤到一起了。

万能梗

毛发也是狗狗的重要特征之一，短毛狗狗的身形特征明显，骨骼和肌肉的穿插都很清晰，长毛狗狗有时就是一团乱，像个墩布一样。

英国古代牧羊犬

用语言文字呈现内容可以让我们任意发挥想象，而用图画表达内容又是这么一目了然。彩色的小女孩和黑白的狗狗，简单地表达了狗与人视力的不同。或复杂或简单，只要我们有这种能力呈现想要表达的内容，让人能领会、理解就好。

当狗狗用水汪汪的大眼睛看你的时候，你是不是没想过它看到的你是什么样子？狗狗眼中的世界和我们眼中的世界一样吗？

答案可能让你有点惊讶！原来，狗狗是色盲，它不能辨别颜色，在它的眼睛里，世界是黑白的。

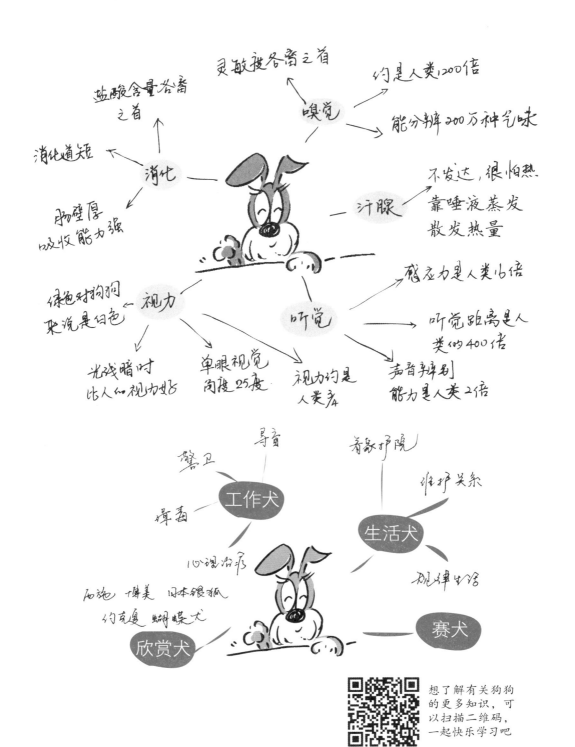

灵敏接各畜之首

约是人类1200倍

嗅觉

能分辨200万种气味

盐酸含量各畜之首

消化道短

消化

物壁厚
吸收能力强

汗腺

不发达，很怕热
靠唾液蒸发
散发热量

保饱对狗狗
采说是白色

视力

听觉

感应力是人类16倍

听觉距离是人
类的400倍

光线暗时
比人的视力好

单眼视觉
角度25度

视力约是
人类3/4

声音辨别
能力是人类2倍

导盲

警卫

工作犬

宠象护院

维护关系

搜查

生活犬

心理治疗

照律比赛

白施 博美 日本银狐
约克夏 蝴蝶犬

赛犬

欣赏犬

想了解有关狗狗
的更多知识，可
以扫描二维码，
一起快乐学习吧

7. 我有雷达我怕谁

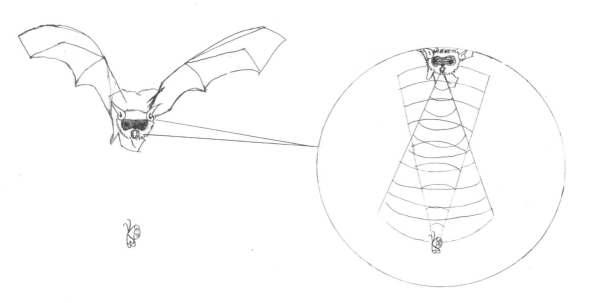

　　蝙蝠是我们平时不常见的动物，它是夜行性动物。蝙蝠喜欢群体活动，主要生活在洞穴、树洞、森林中，有时数百万只蝙蝠生活在一起。我们经常在电视纪录片和探险电影中看到类似的吓人情景：一束手电光照过去，铺天盖地的吱吱叫声和扑面而来的黑黑"小鸟"。有意思的是尽管因为受了惊吓而到处逃窜，但它们很少撞上物体，为什么呢？原来它们身上有"雷达"。

　　蝙蝠在进化中具有特殊的地位，在长期演化过程中发展出许多非常有趣的生物学现象，比如飞行、回声定位、冬眠等。

胎生？

卵生？

拇指

极度延长的前臂骨

蝙蝠的骨骼

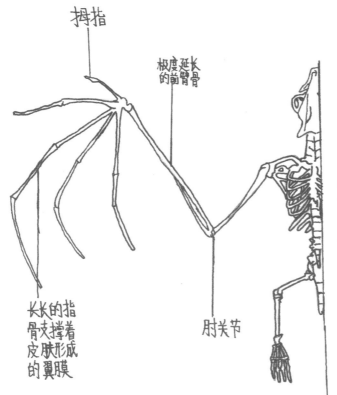

长长的指骨支撑着皮肤形成的翼膜

肘关节

　　蝙蝠的骨骼极轻，具有很长的前臂和指骨以支撑其上薄薄的皮翼。它们那宽大的肩胛骨和锁骨上有着强壮的肌肉，用于煽动翼。

蝙蝠哺乳

绒毛

——哺乳

蝙蝠虽然数量多，但是它们是地球上繁殖最缓慢的哺乳动物。蝙蝠一年只繁殖一次，妊娠约2-6个月，一次生产一胎。到了夏季，雌蝙蝠生出一只发育相当完全的幼体，出生的小蝙蝠身上长满了绒毛，用爪牢固地倒挂在妈妈的胸部吸乳，这样在妈妈飞行的时候也不会掉下来。

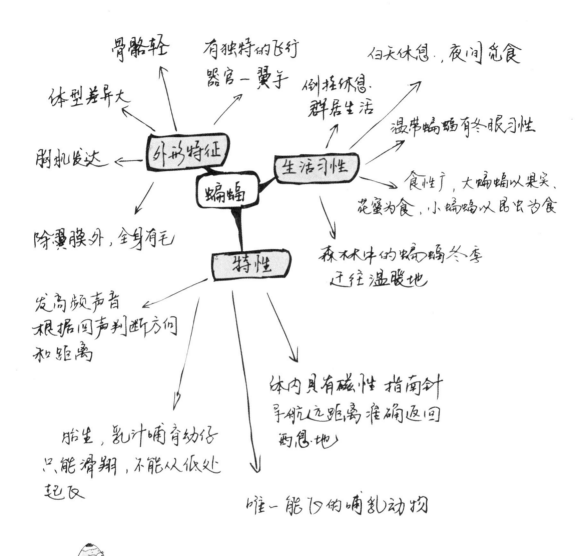

骨骼轻

有独特的飞行器官—翼手

白天休息，夜间觅食

体型差异大

倒挂休息，群居生活

温带蝙蝠有冬眠习性

胸肌发达 ← 外形特征

生活习性

蝙蝠

食性广，大蝙蝠以果实、花蜜为食，小蝙蝠以昆虫为食

除翼膜外，全身有毛

特性

森林中的蝙蝠冬季迁往温暖地

发高频声音根据回声判断方向和距离

体内具有磁性 指南针导航远距离准确返回栖息地

胎生，乳汁哺育幼仔只能滑翔，不能从低处起飞

唯一能飞的哺乳动物

生活中有些你感兴趣的事物没有条件亲眼所见，只能通过电视、网络、图书等途径获得。这种利用别人的观察结果，得出结论的方法叫间接观察方法，通过这种方法在收集整理资料的时候你已经慢慢地吸收了很多知识呢！

蝙蝠的眼睛其实很小的，某些蝙蝠眼睛虽然大，但也不是这个样子的，是像黑豆一样的。

会飞的哺乳动物

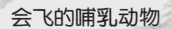

我们是唯一会飞的哺乳动物,有翅膀,但是我们不是鸟类哦!我们白天休息,晚上觅食。我们经常住在山洞里,倒挂在洞顶睡觉。我们在晚上从嘴里发出一种"超声波"来辨认方向,科学家还从我们身上得到启示,发明了雷达。你看,妈妈正在教我飞行呢!

123

8. 小身材重口味

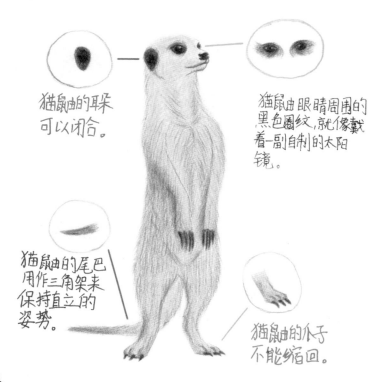

猫鼬的眼可以闭合。

猫鼬眼睛周围的黑色圈纹,就像戴着一副自制的太阳镜。

猫鼬的尾巴用作三角架来保持直立的姿势。

猫鼬的爪子不能缩回。

当我们学习了一种动物的特性时,也要思考为什么它们会有这些特性。比如猫鼬的爪子、黑眼圈、耳朵都是为了适应它们长期生活的沙漠环境而形成的。

猫鼬喜欢家族在一起

动物观察笔记

猫鼬，直立身高仅有一本杂志那么高。它是一种小型哺乳动物，喜欢居住在炎热、干旱的地区。

看起来像只乖巧的小兔子一样的猫鼬可不是一个素食主义者，它可以吃蝎子、甲虫、蜘蛛、蜈蚣、千足虫、蟋蟀、小型哺乳动物、小型爬行动物，性情凶暴起来甚至可以杀死一条眼镜蛇。

猫鼬有力的爪子用来挖洞猎食。它们喜欢群居在一起。当其他猫鼬在觅食或打盹时，总有一只猫鼬在站岗放哨。怪不得它们站久了也不嫌累，原来它们有一条长长的尾巴，在直立时会用尾巴支撑来保持平衡。它的黑眼圈，让它们在艳阳普照下仍能察觉到在太阳之前飞行的空中掠食者。它的耳朵也很奇特，在挖洞时能闭起来以避免沙进入耳内。

本书小画家